专业园艺师的不败指南

U0394708

图 解
现代苹果园高效生产新技术

TUJIE XIANDAI PINGGUOYUAN GAOXIAO SHENGCHAN XINJISHU

周宗山　冀志蕊◎主编

中国农业出版社
北京

图书在版编目（CIP）数据

图解现代苹果园高效生产新技术/周宗山，冀志蕊
主编. —北京：中国农业出版社，2021.6（2023.1重印）
（专业园艺师的不败指南）
ISBN 978-7-109-28375-6

Ⅰ.①图…　Ⅱ.①周…②冀…　Ⅲ.①苹果-果树园
艺-图解　Ⅳ.①S661.1-64

中国版本图书馆CIP数据核字（2021）第114269号

中国农业出版社出版
地址：北京市朝阳区麦子店街18号楼
邮编：100125
责任编辑：郭晨茜　谢志新
版式设计：郭晨茜　责任校对：刘丽香　责任印制：王　宏
印刷：中农印务有限公司
版次：2021年6月第1版
印次：2023年1月北京第2次印刷
发行：新华书店北京发行所
开本：880mm×1230mm　1/32
印张：4
字数：100千字
定价：29.80元

编委会

主编　周宗山　冀志蕊

参编　杜宜南　丛桂林　王美玉

　　　　鄢海峰　郭海萌　王　建（四川润尔科技有限公司）

前 言 Foreword

　　苹果素来享有"水果之王"的美誉，其富含钙、磷、钾、锌、多样的酚类物质、维生素、果胶等，益于儿童生长和智力发育、老年人钙质补充等，具有极高的营养和医疗价值，同时，苹果酸甜爽脆，极易调动人们的食欲。

　　从古至今，苹果都是人类重要的食物来源，具有良好的市场价值，故此，苹果栽培也就长期伴随人类的发展。可以说，在所有果树栽培中，苹果栽培的研究和实践变迁最能体现果树栽培"艺术"，尤其是近一个世纪以来，随着人们对现代栽培知识的研究深入和水果品质需求的提升，以及社会发展而导致的农业劳动力不足，促生了几千年来农业劳动方式的彻底改变，苹果栽培从"天然"的三维巨人到矮砧密植再到掌上盆栽，从劳动力密集型向机械管理再到智慧果园，无不体现了苹果栽培"艺术"的进展。

　　笔者在日常科研、考察交流、共同组织筹备国际会议等工作期间，对国内外苹果栽培管理的优秀范例和技术进展有粗浅了解，借众友人经验成此拙作，对苹果最新技术研发做一简要阐释，以飨读者。

　　本书内容主要包含7个章节，包括亚欧各国苹果生产现状、苹果育种发展趋势、优质苗木、现代栽培模式和各种管理技术等，希望能为科研人员、果农朋友、农资企业及投资家等提供有益借鉴。

目 录 Contents

第 **1** 章
世界苹果生产概况

地球陆地分布、苹果栽培适生区、人口数量及其发展趋势，无不彰显亚洲苹果栽培的重要性。本章简要介绍了世界各国苹果生产现状，希望能够对农资经营企业、水果出口经营及有意愿投资国际农场的企业家提供帮助。

一、地球陆地分布和苹果适生区

地球陆地包括大陆和岛屿，总面积1.489亿平方千米，占地球表面积的29.2%。从全球看，陆地多集中在北半球。从各洲面积看，亚欧大陆面积约5 400万平方千米，占地球陆地面积约36.2%，其中亚洲面积4 400万平方千米，约占世界陆地总面积的29.4%。

苹果为温带果树，冬季最冷月（北半球1月，南半球7月）平均气温在−10 ~ 10℃之间，才能满足苹果对低温的要求。

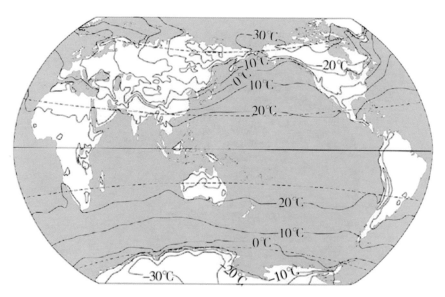

世界陆地分布和1月平均气温

全球有80多个国家栽培苹果，其中欧洲有35个国家，亚洲有25个国家，南半球只有智利、巴西、南非、阿根廷、澳大利亚和新西兰等少数国家生产苹果，其中产量超过或接近百万吨的只有智利、巴西和南非。

苹果产量前十的国家及其年产量（2016年）

国家	中国	美国	波兰	土耳其	印度	伊朗	意大利	俄罗斯	法国	智利
年产量（万吨）	4 445	464	360	292	287	279	245	184	181	175

从统计数据看，中国、美国和波兰是世界生产苹果最多的3个国家，尤其是中国，苹果生产量占世界产量的一半以上。从苹果产量的区域分布看，排名前十的苹果生产国前9名都在北半球。目前，亚洲地区是全球最大的苹果生产地，2016年亚洲地区苹果产量达5 572万吨，占全球苹果总产量的62.8%。

二、世界经济发展和人口分布

从世界经济发展水平看，发达国家主要分布在北美和欧洲，集中在西北半球，经济发展水平和消费水平高，也是苹果的主要产地。发展中国家主要分布在东北半球和南半球，包括广大的亚非拉地区，消费能力不足，许多国家苹果消费依靠进口。

目前，亚欧大陆人口占世界人口总数的75.2%，尤其亚洲，占世界人口的60%，非洲、北美洲和拉丁美洲约占世界陆地面积的一半而人口尚不到世界人口的1/4，大洋洲更是地广人稀。从全球看，北半球的中纬度地带是世界人口集中分布区，近80%的人口分布在北纬20°～60°之间，南半球人口只占11%多。

《2010年世界人口状况报告》预测，到2050年，世界人口将增至91.5亿，人口过亿的国家将达11个，其中亚洲人口过亿的国家将达7个，包括中国、印度、印度尼西亚、巴基斯坦、孟加拉国和日本，这些国家也将是全球最大的消费市场。

三、亚欧各国苹果生产状况

欧美国家是传统的苹果生产强国，现代矮砧密植的苹果种植模式始于荷兰，并在欧洲广泛传播，生产技术先进，产量高。在欧洲，能满足自身需求并能有较大出口的国家主要有西欧的意大利、法国和东欧的波兰等。俄罗斯对苹果需求量较大，每年进口苹果数量较多，其相邻国家（白俄罗斯、乌克兰和摩尔多瓦）消费量小，并有少量出口，主要是针对俄罗斯市场，但近10年来，俄罗斯苹果种植面积增长较快，主要为了提升自我供给率。近东和中东地区，土耳其和伊朗为主要生产国，大部分国家由于局势不稳，难以有效生产和出口。中亚地区虽然是苹果的起源地之一，但生产技术落后，产量和品质较低。东南亚和远东地区，中国、日本和韩国为主要生产国，其中日本和韩国是精耕细作的典型代表，苹果品质高，但由于种植面积小，消费水平高，基本没有出口，中国苹果种植极其复杂，传统果园面积虽仍占据较大比重，但现代种植模式发展很快，尤其是商业资本的注入催生了一批较大规模的现代种植模式果园。其他东南亚和远东地区国家苹果生产严重不足，许多需要进口。

（一）俄罗斯

俄罗斯苹果主要分布在俄罗斯西部地区，包括北高加索联邦、俄罗斯南部、中部和克里米亚等。

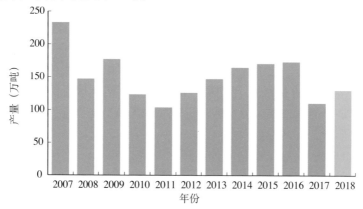

2007—2018年俄罗斯苹果产量

FAO数据显示：目前，俄罗斯苹果种植面积约21.4万公顷，其中商品园面积14万公顷，中矮密植园10公顷，基于M9的矮砧密植园1.2万公顷。2007年，产量高达233万吨，进口量较大，没有出口。

俄罗斯是东半球苹果种植产量增长最快的国家，尤其自欧盟制裁后发展迅速，目的是增大苹果的自给率到70%，但目前自给率仅为30%～40%。

在政府和市场推动下，俄罗斯的苹果品种进行了更新，苹果栽培中

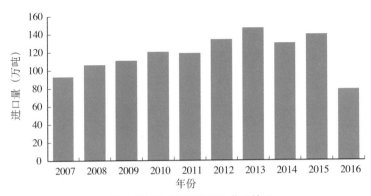

2007—2016年俄罗斯苹果进口情况

的一些明显的错误和短板得到纠正和弥补，如劣质的苗木、落后的栽培技术、匮乏的人力资源等。

在俄罗斯，老的地方品种种植面积逐渐下降

过去，最大的苹果种植户是传统的集体农庄，现在，大部分都是一些私有化农场，尤其在政府资金的大力支持下，一些中型和大型农场得以建立。新建立的现代农场，20%为500～1000公顷的超大型农场，50%为100～500公顷的大型农场，30%为小于100公顷的中型和小型农场。

政府扶持下的俄罗斯现代农场

2013—2016年，俄罗斯每年种植苹果约250万株，2017年约400万株，2018年约650万株，60%的苗木来自欧洲，目前已经拥有1.1万～1.2万公顷现代果园，许多配有防雹网、滴灌系统等现代设施。

俄罗斯现代苹果园

新栽培模式的引领地区主要在俄罗斯南部的克拉斯诺达尔（6 000～7 000公顷）和北高加索地区的卡巴尔达-巴尔卡尔共和国（3 000～40 000公顷）。

俄罗斯新栽培模式

如今，制约苹果产业快速发展的瓶颈是苹果苗木的生产能力，但是，俄罗斯的苹果苗木生产面积增长很快（目前约500公顷），据估计，仅克拉斯诺达尔地区每年可生产约450万株。

俄罗斯苹果苗木生产

　　俄罗斯学习吸收欧洲经验，其新的贮藏和分级设备也得到了构建，如今，贮藏设备的贮藏能力能满足40%的苹果产量。

俄罗斯苹果贮藏和分级设备

　　除了对采用半矮化砧木M106进行针对性补贴外，俄罗斯政府还对克里米亚等实行区域性地方补贴政策，促进了苹果产业发展。

　　但是仍有很多问题存在，如冬季的极端低温、霜害、高温、冰雹、水源不足以及植保、运输和贮藏等问题，尤其是技术人员的短缺和对大型农场的管理欠缺等。

霜　害

冰雹危害　　　　　　　病害落果

（二）白俄罗斯

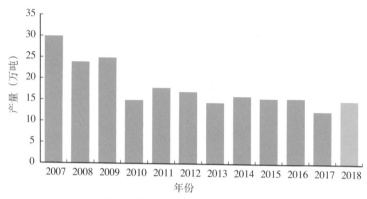

2007—2018年白俄罗斯苹果产量

　　FAO数据显示：2016年，白俄罗斯苹果种植面积5.2万公顷，60%用于加工，贮藏能力只有13万吨。有很大一部分出口俄罗斯或经俄罗斯转港。

　　和其他国家相比，白俄罗斯的苹果生产相对落后，40%为大型国营农场，5%为小型农场，仍有55%的家庭庭院式农场（占全国苹果产量的68%）。

白俄罗斯大型国营农场

（三）乌克兰

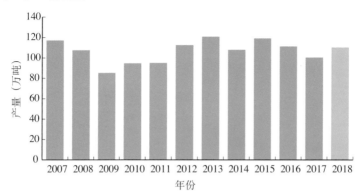

2007—2018年乌克兰苹果产量

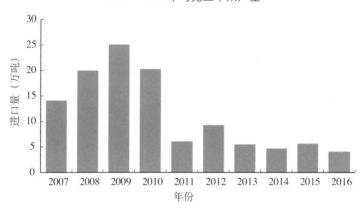

2007—2016年乌克兰苹果进口情况

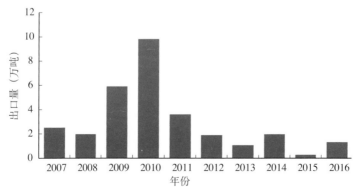

2007—2016年乌克兰苹果出口情况

FAO数据显示：近几年，乌克兰苹果种植面积9万公顷，产量接近120万吨，由于经济问题，进口量逐渐减少，出口量近几年呈现增长趋势。乌克兰苹果种植区主要分布在南方。

乌克兰的苹果市场化运作程度仍然较低，多为街头集市的形式。再加上乌克兰面临很多特殊政治问题和困难导致乌克兰的苹果价格极低。

乌克兰的街头集市

但乌克兰的水果具有巨大的潜力，拥有肥沃的黑土地和长距离的灌溉系统。

乌克兰的灌溉系统

在过去10年，乌克兰建立了很多不同规模的大型苹果园（大于10公顷）。自2014年以来，新的密植栽培型的苹果园已发展了约3 000公顷。

乌克兰大型苹果园

　　近年来，乌克兰从意大利、荷兰和波兰引进适于现代市场需求的苗木品种用于现代果园建设，投资获得的经济贡献高达80%，因此大型投资增长迅速。现代贮藏能力达到18万吨，并在持续增长。

乌克兰优质苗木结果状

乌克兰苹果贮藏状况

（四）摩尔多瓦

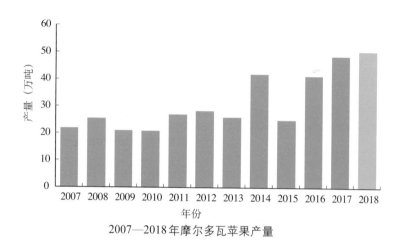

2007—2018年摩尔多瓦苹果产量

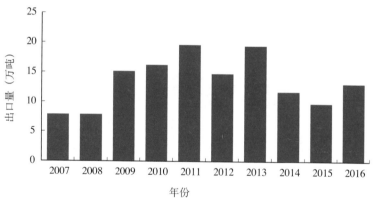

2007—2016年摩尔多瓦苹果出口情况

FAO数据显示：2016年，摩尔多瓦苹果种植面积为5.5公顷，主要种植在摩尔多瓦北部和中部。摩尔多瓦有种植苹果的传统，1993年全国苹果栽培面积曾达到25万公顷，但后来面积逐渐减少。目前存在很多老果园、老品种，有许多果汁加工企业。没有进口，出口比例很大。

目前，现代矮砧密植果园已发展了5 000公顷，老果园正在被逐步淘汰，总面积将减少，但产量可能增加。现代苹果园规模30～50公顷，主要施行自我贮藏。

摩尔多瓦现代苹果园

新发展苹果园产量的96%（约17万吨）用于出口，主要出口俄罗斯。

摩尔多瓦的苹果

（五）土耳其

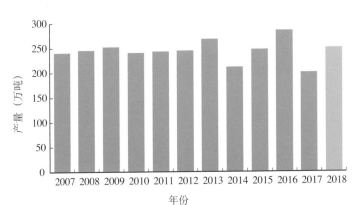

年份

2007—2018年土耳其苹果产量

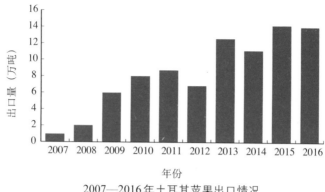

2007—2016年土耳其苹果出口情况

FAO数据显示：2016年，土耳其苹果种植面积17.5万公顷，没有进口，出口量呈逐年增长趋势，近年来出口量超12万吨。

在土耳其，大部分仍为传统的老式苹果园（2公顷左右的小型家庭农场），品种50%为元帅、30%为金冠和Amasya，有7.5万吨的贮藏能力，少量为气调贮藏。最近几年，大型农场建设增长明显，密植栽培总面积近1.1万公顷，新的俱乐部品种如嘎啦、红元帅和澳洲青苹等栽培面积增长明显。土耳其有150个地方性苗木生产公司，年生产能力达1 500万株或更多，苗木出口至中亚及俄罗斯，砧木采用半矮化砧M106。中型和大型私有化农场左右了70%的国内市场，并仍有增长潜力。

土耳其传统苹果园

土耳其现代苹果园

（六）伊朗

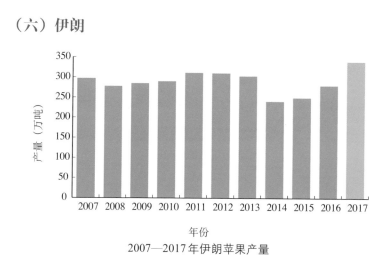

2007—2017年伊朗苹果产量

　　FAO数据显示：2017年，伊朗苹果栽培面积2.386万公顷，产量近350万吨，没有进口，每年出口30多万吨至阿拉伯联合酋长国、阿富汗、巴基斯坦和阿塞拜疆等国家，近年来又以较低价格出口至印度。

　　伊朗是高海拔的苹果生产国，苹果生产区海拔1 500～2 500米，大部分为1～2公顷的小型家庭农场，但也存在大型国有基地和宗教组织的农场。主要采用传统的基于自根苗的圆形树冠。

伊朗苹果园

　　近些年也开始采用基于M7、M106和M9等砧木的半矮密和高密栽培模式，但革新速度有些慢。主要品种有红元帅（150万吨，约占国内产量的55%）及其他不同的地方品种Golab、Abbazi、Shemirani等80万吨（约占国内产量的25%）。

伊朗栽培的红元帅

由于海拔原因，新建现代果园的金冠苹果（50万吨）具有特殊的品质。

伊朗栽培的金冠

总体而言，伊朗苹果发展几乎缺少各种条件，如缺乏现代栽培知识、育苗圃、基础设施等，但最缺乏的是有效的咨询服务。美国对伊朗的制裁也影响到苹果的生产。伊朗贮藏能力只有150万吨，贮藏库和销

伊朗苹果的采收较粗放

售市场掌握在私有者手里。伊朗苹果的采收较粗放，因采收方式不当、包装粗放和运输能力不足造成大量的采后损失。

　　伊朗的水资源极其珍贵，仍依靠老旧的灌溉系统发挥作用，高山地区则依靠降雪。随着气候变化，水资源的供应成为更大的挑战和限制因素。

伊朗的苹果园灌溉系统落后

　　伊朗消费者仍主要通过集市供应的方式购买苹果。在伊朗，苹果是高贵身份的象征，因此在伊朗苹果售价很高。

伊朗的集市

（七）巴基斯坦、伊拉克、阿富汗

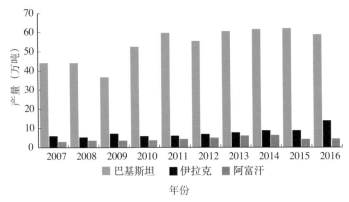

2007—2016年巴基斯坦、伊拉克、阿富汗苹果产量

FAO数据显示：2016年，巴基斯坦苹果种植面积9.19万公顷，伊拉克苹果种植面积4.78万公顷，阿富汗苹果种植面积1.94万公顷。由于战争原因，只有巴基斯坦有一定的产量，伊拉克及阿富汗产量极低，伊拉克还有一定的进口量。

在巴基斯坦，只有小型家庭农场，几乎全部采用老式传统球形树形，主要种植红元帅、金冠和一些地方品种。种植户缺乏专业知识、科学规划和基础设施，栽培技术几乎没有创新，而且是劳动密集型的人工采收，销售依托不同的中间商，产区贮藏能力很小，缺乏冷链运输。

巴基斯坦、伊拉克、阿富汗苹果种植情况

（八）叙利亚、黎巴嫩、以色列、约旦

FAO数据显示：2016年，叙利亚苹果种植面积约5.3万公顷，黎巴嫩1万公顷，以色列0.3万公顷，约旦0.2万公顷。叙利亚有一定的出口量，但连年的战争使一切都变得不可能。以色列有一定的进口量。

黎巴嫩有苹果种植传统，但由于战乱和边境关闭，苹果销售成为较大问题。

以色列苹果生产在戈兰高地，国境线两侧水果生产呈现鲜明对比。边境线的叙利亚一侧，无栽培和灌溉；以色列一侧，由于良好的灌溉条件，拥有肥沃的土地和高产果园。

叙利亚与以色列苹果生产状况对比

以色列的苹果生产有两个有趣的标志：由于宗教规则，树龄低于4年的果树生产的水果禁止售卖；以色列有先进的生产技术，是水果自动化采收技术高度发达的国家。

以色列苹果园

以色列苹果园自动化采收

（九）阿塞拜疆、亚美尼亚、格鲁吉亚

FAO数据显示：2016年，阿塞拜疆苹果种植面积2.8万公顷，格鲁吉亚面积1.7万公顷，亚美尼亚1万公顷。这3个国家是位于高加索山脉以南、黑海至里海的山地和高原国家，阿塞拜疆是该区域苹果产量最大的国家，约占80%，年产量约25万多吨，有少量进口和出口。

阿塞拜疆有苹果种植传统，种植兴趣也在增长，集约化栽培面积1 500～1 700公顷，苗木来自土耳其，有26家贮藏企业，贮藏率占比60%，出口面向俄罗斯。

阿塞拜疆苹果生产

在亚美尼亚，苹果生产无关紧要，因为高温、干旱的气候不适宜苹果生产。

亚美尼亚苹果生产

近几年，格鲁吉亚大约有新定植苹果园1 400公顷，但仍有发展潜力，其生产的苹果主要出口俄罗斯。

（十）哈萨克斯坦

FAO数据显示：2016年，哈萨克斯坦苹果种植面积3.2万公顷，产量近

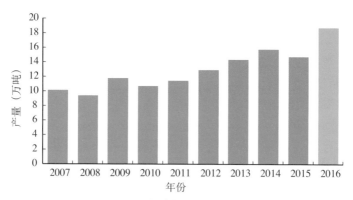

2007—2016年哈萨克斯坦苹果产量

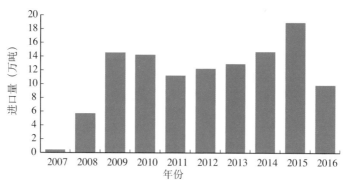

2007—2016年哈萨克斯坦苹果进口情况

哈萨克斯坦苹果林

20万吨，进口量较大，很少出口。原首都阿拉木图，意思是"苹果之父"或"苹果"。

　　哈萨克斯坦也是塞维斯苹果的起源地，有大规模的野苹果林。在苏联时代，成千上万的野苹果林被破坏，代之为老品种Aport。

　　许多的小型家庭农场以街头售卖为主。近年来，发展了3个超过1 000公顷的大型农场和30 ～ 40个50 ～ 200公顷的农场，苹果苗木进口自土耳其、意大利、塞尔维亚。总体而言，哈萨克斯坦苹果生产仍处于一个非常困难的起始阶段，只有4 000 ～ 5 000公顷的半集约化和集约化果园，配套采用了适应现代市场的新品种如嘎啦、金冠、富士、红元帅、澳洲青苹等，目前现代贮藏设施也开始建造。政府扶持水果生产并促进不同的发展项目，目标是发展现代模式苹果园至1.8万公顷。

哈萨克斯坦街头售卖的水果

（十一）乌兹别克斯坦

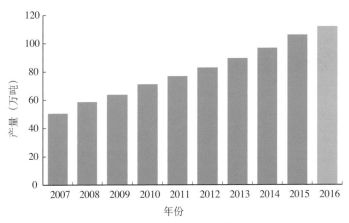

2007—2016年乌兹别克斯坦苹果产量

FAO数据显示：2016年，乌兹别克斯坦苹果种植面积10万公顷，产量近120万吨，但未来有望增产到15万～18万吨。

在乌兹别克斯坦，大部分是传统的小型家庭农场，主要种植老的地方品种，处于苹果种植适宜区域的边缘地带，天气非常炎热，且有非常严重的火疫病危害。大量的苹果交易出现在街头集市，贮藏设施不足，采后损失严重。

但是，仅仅在近5年内，已经建立2～3个大型农场，每个规模达1 000～1 500公顷，还有12～15个100～300公顷的中型农场。

在乌兹别克斯坦，苹果是地位的象征，在国内有很高的市场需求，同时70%的苹果要出口俄罗斯，政府、世界银行和来自不同国家的投资者促进了其现代果园的进一步发展。现在，新型果园面积共7 000～8 000公顷，其中3 000～5 000公顷集约栽培园栽种嘎啦、金冠、澳洲青苹、红元帅等品种。

乌兹别克斯坦新型果园

乌兹别克斯坦苗圃

至今，乌兹别克斯坦的苹果苗木主要从土耳其进口（90%），大多使用M106砧木。国内苗木逐步开始发展，目前已达到了300万株，但很多苗圃的苗木间距非常小，苗木质量一般。

（十二）塔吉克斯坦、吉尔吉斯斯坦、土库曼斯坦

FAO数据显示：2016年，塔吉克斯坦苹果种植面积4.2万公顷，吉尔吉斯斯坦种植面积2.8万公顷，土库曼斯坦种植面积0.6万公顷。

中亚国家的种植技术和发展水平均较弱，但苹果种植的兴趣正在提升，将来会有很多的可能。

塔吉克斯坦苹果生产的资金和专业技术知识非常缺乏，现在情况有所改进，现代果园有几百公顷。

塔吉克斯坦苹果园

吉尔吉斯斯坦主要为小型家庭农场，并在国内街头集市售卖，无政府支持，现在有新型苹果园500公顷。

吉尔吉斯斯坦街头集市及苹果园

土库曼斯坦不重视苹果生产，生产水平低下，缺乏所有条件，现有新型果园500公顷。

土库曼斯坦新型苹果园

（十三）印度

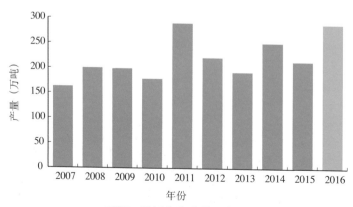

2007—2016年印度苹果产量

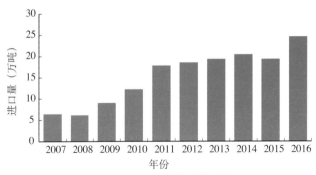

2007—2016年印度苹果进口情况

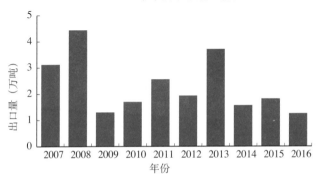

2007—2016年印度苹果出口量

　　FAO数据显示：2016年，印度苹果种植面积31.4万公顷，产量近300万吨，进口量逐年增加，由于人口规模巨大，印度已成为世界最大的苹果进口国。印度苹果种植在北部山区，其中印控克什米尔地区生产量占全国生产量的70%，北方邦生产量占全国生产量的20%。

　　印度苹果生产有限，局限于传统的山地和低山区域，海拔2 000～3 000米，种植条件非常差，霜害、雹灾常发。印度老果园的更新改造很慢，大概每年不超过1 000公顷，苗木主要来自意大利。

印度苹果园

　　在印度，苹果生产属于劳动密集型产业，采收和运输条件很差，品质和耐储性差，缺乏贮藏条件，采后损失严重。

印度苹果采后状况

　　印度苹果生产缺乏冷链贮藏，远程运输需要几易其手才能到达南方大城市，其国内苹果价格很高。值得注意的是，西部海岸孟买和东都海岸金奈的苹果主要从美国进口，价格较为便宜，进口潜力巨大。

印度苹果市场

（十四）朝鲜

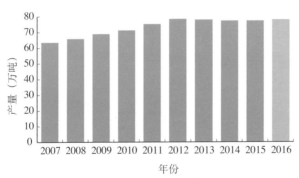

2007—2016年朝鲜苹果产量

FAO数据显示：2016年，朝鲜苹果种植面积6.9万公顷，产量近80万吨，没有进口也没有出口，但笔者对此数据存疑。

朝鲜的大型苹果园

朝鲜从国外也引进了高技术的加工厂，随着朝鲜经济改革，苹果生产也将呈现较好的前景。

朝鲜引进的高技术加工厂

（十五）韩国

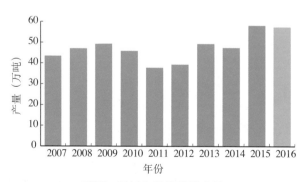

2007—2016年韩国苹果产量

　　FAO数据显示：2016年，韩国苹果种植面积3.33万公顷，产量近60万吨，没有进口，少量（2 000～5 000吨）出口至中国的台湾和香港。小型的家庭农场（小于1公顷）采用传统栽培模式，政府补贴50%，75%的小型农场种植的品种为富士，品种更新较慢。

韩国的老苹果园

　　只有400公顷的集约栽培，大学等科研机构咨询服务水平高，产量高。
　　韩国没有苗木进口，主要为当地苗木繁育，苗木质量中等。其苹果生产方式是极高的劳动密集型。

韩国的现代化苹果园

韩国苹果品质高、价格高，其苹果主要通过协会或私人售卖，拥有40%的冷藏能力，几乎没有气调贮藏。

（十六）日本

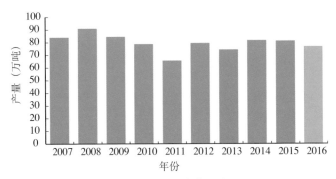

2007—2016年日本苹果产量

FAO数据显示：2016年，日本苹果种植面积3.68万公顷，没有进口，2.8万~3.5万吨出口至中国台湾（70%）和香港（20%）。

日本是精耕细作栽培模式的代表，高冠层，下垂枝结果，可以说是目前世界上最高质量标准的苹果生产者，拥有500公顷的高密栽培，采用中间砧模式。协会和私人冷藏库的贮藏能力达37万吨。部分采用无损方式进行糖检测。

日本的苹果园

（十七）中国

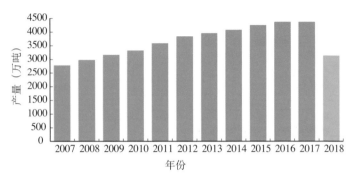

2007—2018年中国苹果产量

FAO数据显示：2017年，中国苹果种植面积238.4万公顷，产量近4 500万吨，进口量近10万吨左右，出口量100多万吨。中国有环渤海湾和西北黄土高原两大苹果产区，还有西南高原山地和新疆特色苹果产区。

中国的苹果生产是双面的，有两个不同的发展速度。一方面，90%～95%为极小型果园，树体和栽培模式较老，很少更新，乡村人口老龄化严重，年轻一代移居城市，劳动力缺乏。大量的小农场和果农直接在乡村集市售卖，也有许多小的贮藏设施。

中国的极小型苹果园

中国苹果小农场和果农生产状况

　　另一方面，中国像一列高速火车，现代果园发展呈井喷之势，商业领域资金大量投入催生了大量现代化果园。2018年现代化矮砧密植果园已超过10万公顷，面积占苹果种植总面积的5%，且发展迅速。

中国现代苹果园

原来苗木进口主要来自荷兰和意大利，目前，已拥有1亿株矮砧苗木的生产能力，苗木质量快速提升。大型苗木企业在苗木生产的同时，开展了现代标准的示范园建设。

中国大型苗木企业生产基地

中国既有大面积的传统种植模式，也有发展现代化果园的一切条件——充足的资金、各种种植技术、深入的科研、广大的市场、快速发展的现代化分选设备和大型冷藏设备、快速发展的现代信息传播技术、发达的物流技术等。

在中国的超市，商品质量很高，一般苹果销售价格也较高，预计高质量水果的生产和消费将继续增长。

中国高品质苹果生产

目前，由于亚洲市场的可选择性较多，中国还没有被认为是欧洲市场的有力竞争者。但是，现代丝绸之路或促使其很快成为现实。

总 结

> 中国仍是世界上最大的苹果生产地。

> 波兰仍将是欧盟最重要的苹果生产者。

> 禁运强化了俄罗斯的苹果生产，俄罗斯在建设现代化果园。

> 多个国家的集约化栽培发展促进了苹果的产量增长。

> 专业化的管理和劳动力将成为苹果生产的决定因素。

> 印度是苹果进口潜力最大的国家。

> 日本和韩国有世界最高的苹果果实品质。

第 2 章
苹果品种创新的全球趋势

　　品种是农业产业的生产力、竞争力和可持续发展的根本性资源，越来越严格的品种产权保护得到俱乐部、苗木协会联盟等组织的重视。国际苹果育种目标向着抗病、微型、适于特色消费群体、红色等多样化发展。

一、世界苹果育种的三大特点

　　世界各国农业长期处于独立发展和自我供给状态，生产力是人们关注的焦点，目的是提高产量和品质，满足本国人民的需要。随着全球化发展，国际农业贸易逐步发展并处于激烈竞争状态，竞争力的培养也成为全球农业的常态；随着人类对地球的干扰，气候变化、有害生物肆虐等，农作物的产量受到严重威胁，甚至威胁局部区域内的产业生存。可持续性——即满足现在的需求而不危害后世的发展也成为当前和未来的追求目标。

世界苹果育种的三大特点

　　世界苹果育种充分体现了生产力、竞争力和可持续性三大特点。品质是各国苹果育种专家考虑的首要问题（产量主要通过栽培模式的创新得以提升），以满足人民对营养和品质生活的需求；优质、普适的苹果品种是国际苗木公司和水果贸易公司的共同需求，新西兰等以出口为导向的苹果育种强国，根据亚洲等主要出口地区人们的消费习惯进行针对性育种，以提高自己苗木和水果的市场竞争力；抗病育种、抗逆育种、晚花育种、低需冷量育种等逐步成为苹果育种家的育种目标，以克服苹果黑星病等暴发性病害和气候变暖、愈发频繁的倒春寒等气候灾害的危害，保障苹果产业的可持续性。

二、苹果育种的组织形式

目前，世界有80多个苹果生产国，许多国家尤其是苹果生产强国都有自己的育种机构和育种计划。大部分国家通过政府资助的方式开展苹果育种工作。但随着市场经济发展，部分国家开始通过市场资助的方式开展苹果育种，比如英国已基本不再设立育种项目基金，主要由大型超市和大型农场等出资。在此背景下，越来越多的俱乐部品种开始出现，其品质优良、市场竞争力强、产权明晰、有限生产、利润有保障。目前，我国基本是政府资助的公益性育种项目，鼓励育种家进行知识产权保护，并已有依托新品种进行转化和知识产权转让来保障育种家权益的事例，将来这一趋势会更加明显。

欧美果业发达国家也是育种强国，除各个国家自己的育种项目外，还开展国际间联合育种研究，建立了国际苹果育种网，主要包括澳大利亚、新西兰、法国、荷兰、意大利、智利、美国及南非等国家。

中国也与新西兰等国家开展育种研究的双边合作。由于新西兰苹果育种由企业赞助，涉及知识产权问题，因此，中国与新西兰苹果育种合作目前主要局限于砧木育种合作。

三、苹果育种与苗木协会、销售联盟的联系

市场的发展，催生了苗木和销售企业的发展、壮大和联盟，新品种培育与苗木和销售企业愈发紧密联系起来，小农经济的街头售卖模式可能越来越不具备竞争优势。

国际苗木协会（Associated International Group of Nurseries，AIGN）成立于1992年，是专门从事果树品种及相关信息交流的国际性协会组织，由国际果树育种和苗木繁育的专家组成，主要通过协调品种和技术信息的可用性，来服务全球乔木果树产业的发展。目前协会成员国有美国、澳大利亚、新西兰、南非、比利时、法国、韩国、智利、阿根廷、乌拉圭和中国。

各个国家的、甚至国际性的水果销售联盟，如国际仁果类水果联盟（IPA），逐渐承担起水果生产和销售的桥梁，尤其重视高品质水果的产

国际仁果类水果联盟

地情况和市场需求调研，甚至承担一定的优质水果生产技术指导和标准制定，以满足高端市场需求。这一趋势也直接推动了各个地方品牌的诞生。

四、俱乐部品种快速发展

随着市场的日益成熟，企业对苹果育种、苗木繁育、苹果销售参与日益深入，为了保护苹果新品种的知识产权和企业利润，国外一些发达国家采取俱乐部的方式，通过申请植物新品种保护、转让新品种专营权以及注册经营商标等法律程序，进行苹果新品种的商业化运作，目前，虽然规模不是很大，但发展迅速。

截至2018年11月，全球性俱乐部品种的种植面积为3.8万公顷，部分国家还有自己的国内俱乐部品种，如新西兰俱乐部品种种植面积占30%，荷兰占20%，比利时占8%，德国占4%。

全球性俱乐部品种栽培面积

商业标识	品种	种植面积／公顷
Pink Lady®	Cripps Pink/Rosy Glow/Sekzie*	≥ 5 000
Kanzi®	Nicoter	3 000 ～ 4 999
Cosmic Crisp®	WA38	
Jazz®	Scifresh	1 000 ～ 2 999
	Ambrosia*	

（续）

商业标识	品种	种植面积／公顷
Joya®	Cripps Red*	
Evelina®	RoHo3615	1 000 ～ 2 999
Kiku®	Brak/Fubrax*	
Envy®	Scilate	
Opal®	UEB32642	500 ～ 999
Modì®	CIVG 198	
Sweetango®	Minneiska	
Junami®	Milwa	
Crimson Snow®	MC38	
Honeycrunch®	Honeycrisp*	200 ～ 499
Juliet®	Coop43	
	Ariane	
Koru®	Plumac	

* 表示统计数据只是面积大于200公顷的苹果园，小于200公顷的苹果园没有统计。

五、国际育种目标

　　果实品质作为苹果育种的目标，目前更加注重多样化和特色化，通过特色品质提升市场竞争力；同时，抗性育种作为苹果可持续发展的重要保障，针对暴发性病害的抗病育种、针对气候变化的抗逆育种也作为主要目标并取得长足进展。

国际育种目标

序号	育种目标
1	抗黑星病：欧美黑星病和火疫病严重区域每年要进行20多次的药剂防控，没有绿色取代方法，损失重，环境压力大，影响可持续发展
2	金冠的黄色替代品种：保留金冠特色，引入耐贮、抗病等特性

（续）

序号	育种目标
3	针对温暖气候区/气候变化开展高着色品种育种
4	微型/点心/幼儿品种
5	优越质地 和/或 风味品种
6	红（或黄）肉品种
7	超甜品种
8	低过敏品种，针对糖尿病和果糖不耐受患者
9	无籽品种
10	单花（自疏）、低需冷量、晚花品种

1.基于 *Vf* 基因的抗黑星病品种

研究已发现不同的 *Vf* 基因与苹果黑星病的不同生理小种具有对应的抗性关系，检测不同地区的苹果黑星病生理小种，栽植针对性的含 *Vf* 基因的抗病品种或多抗性（多种 *Vf* 基因聚合于一个品种）品种，可有效降低苹果黑星病危害。鉴于苹果黑星病的极高的暴发性、持续性、高危害性和难于防控等特点，抗性育种是唯一有效的解决方法，是保障苹果可持续发展的重要手段。

在危害较重的欧洲国家，其科研机构如法国农业科学院等，已鉴定和收集了对苹果黑星病、火疫病和白粉病等的抗性种质，初步明确了抗病基因，为更加高效地开展抗病育种奠定了资源基础。

苹果黑星病症状

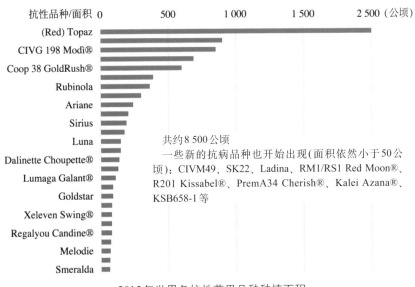

抗性品种/面积

共约8 500公顷
一些新的抗病品种也开始出现(面积依然小于50公顷)：CIVM49、SK22、Ladina、RM1/RS1 Red Moon®、R201 Kissabel®、PremA34 Cherish®、Kalei Azana®、KSB658-1等

2015年世界各抗性苹果品种种植面积

2.红肉苹果育种

目前有4个最为成功的红肉品种育种项目，已形成4个品牌，9个相关品种，并在部分国家得到了试种和推广。

各种红肉苹果

(1) 红色之爱

抗黑星病品种Luresweet，在中国、法国、荷兰等7个国家试种面积已达110公顷。

红色之爱

(2) 红月亮

抗黑星病品种RM1和RS1，在意大利、法国等国家试种面积达100公顷。

红月亮

(3) 亚伯之吻

2个抗黑星病品种R201、Y101和2个不抗黑星病品种，在意大利等14个国家试种获得巨大成功。

亚伯之吻

（4）幸运玫瑰（TC2 LucyRose®）、幸运之光（TC3 LucyGlo®）

最近在美国试种。通过基因组学和相关试验，科研人员对苹果着色基因及其机制研究比较深入，未来有目的、根据意愿的颜色育种将成为可能。

幸运玫瑰和幸运之光

3.加工品种育种是未来育种的一个重要方向

苹果加工可以有多种商品形式：果酒、果醋、果汁、果干等。随着现代消费方式的发展，鲜切水果开始在美国等国家流行，2017年10月，美国第一次商业化销售鲜切包装苹果40万袋。

加拿大开始发展转基因非褐变金冠、绿苹果、富士，通过基因沉默技术敲除了8个与褐变相关的多酚氧化酶基因（该酶与褐变有关）。

美国货架上的鲜切苹果

总 结

➤ 全世界有100多个苹果育种项目，历史上苹果育种从未如此活跃，但站在全球视野看，苹果品种更新仍然较慢。

➤ 有多于50个的俱乐部品种，栽培面积达3.8万公顷，但有多少俱乐部品种可以存活？与非俱乐部品种的市场竞争力仍待观察。

➤ 对新品种的匆忙选取增加了种植风险，人们对新品种的追求存在支付和种植优先于试验，而不是试验优先于种植和支付。

➤ 抗黑星病品种种植面积约8 500公顷，种植面积应该扩大以保障苹果发展的可持续性。

➤ 单一品种申请商标后随之而来的是商标群体化，这一现象已经在红色果肉品种上出现。

➤ 在未来10年，多重抗性的杂交品种会在市场上出现。

➤ 未来砧木的选择将更加重要。

➤ 第一个转基因苹果已经走向市场，基因编辑技术（NBT）在基因疗法和新品种创新中的地位是否会进一步提升仍有待观察。

第 3 章
苹果无病毒优质苗木的
现代生产技术

优质高效果园建设所需苗木，要求品种纯正、健康、符合果园快速成型和尽快见产。无病毒优质苗木的现代化生产，需要培育无病毒、品种纯正的原种资源，并通过严格的标准化生产过程保障苗木的纯正、优质和可追溯。

一、苹果优质苗木的标准

1.品种纯正

要从信誉度高的苗木公司购买苗木，品种纯度易得到保障。

2.苗木健康

没有重大病虫害，尤其是没有果树病毒和具有嫁接传播特性的病害，因为一旦侵染，将终生携带，影响果园苗木生长的整齐度、果实产量和品质。

采用优质大苗建园

3.优质苗木标准

符合现代果园建设所需的大苗标准，苗木粗度、高度、分枝符合相关标准，建园后能够快速形成产量。

二、规范化苗木认证生产体系介绍

基于现代果园对健康优质苗木的需求，果业发达国家逐步采取规范化的苗木认证生产体系，其实质是现代果业所要求的纯正、健康、优质种苗的标准化、产业化生产和市场的规范化管理。这部分内容是基于意大利情况进行介绍。

1.规范化苗木认证生产

规范化苗木生产包括两个阶段：第一阶段是无病毒优系原种培育和安全保存，第二阶段是可检测、可追溯的健康优质苗木的规范化生产。

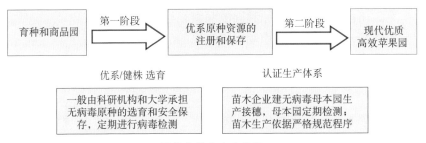

规范化苗木生产流程

第一阶段：商品园需选择2个不同区域的老果园，避免优系选育时由于气候不同导致的假优系；优系资源可以集中保存，作为优良资源基因库；部分病毒的检测需经草本和木本指示植物生物学鉴定，避免不同病毒株系的存在，以防ELISA和PCR漏检；对资源评价圃的进一步栽培等研究和品质鉴定非常必要，因为在组培脱毒过程中可能存在品种的变异；原种保存有专门标准防虫网室，避免传毒介体进入，每年进行病毒检测。

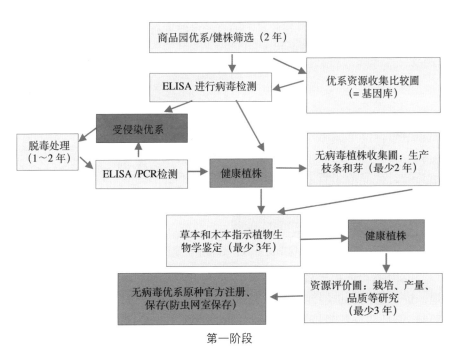

第一阶段

第二阶段：为避免从原种圃的频繁采样可能导致的病毒再侵染，将市场可能需要的品种资源进行备份保存，保存条件同原种圃要求，避免所有传播介体的进入，每年进行ELISA和PCR检测。

（1）采集砧木和接穗的母本园

远离商品园，杜绝一切再侵染的可能，每年进病毒检测，此外每年意大利农业部专业人员要进行检查；每个优系的定植数量根据市场苗木需求量；采取重短截，以获得高质量接穗。

（2）育苗企业的规范化苗木生产

苗圃远离商品园，土壤进行严格检测无传播介体；每株苗木可追溯至具体的母本园植株；农业部根据母本园提供接穗量的95%发放苗木健康标签。

（3）无病毒优系原种圃和预扩繁资源保存圃

双层防虫网室；盆栽并放置于铺有一定厚度石子的网室地面，四周设置排水沟，避免地面径流的进入。

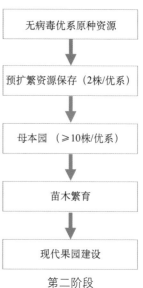

第二阶段

意大利无病毒优系原种圃和预扩繁资源保存圃

原种圃和预扩繁资源保存圃设置在大学和科研机构的相关试验基地，进行定期病毒检测，每年度ELISA检测率100%，PCR检测率20%，5年一循环。预扩繁资源保存圃主要对市场可能需求的品种进行防虫网室保存，每个优系保存2株。

预扩繁资源保存圃

研究机构根据育苗企业建设母本园的需要进行母本植株扩繁，一般至少10株，具体数量根据苗木繁育所需接穗数量而定。由意大利农业部配发白色标签。

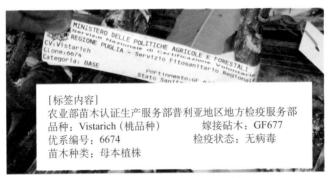

[标签内容]
农业部苗木认证生产服务部普利亚地区地方检疫服务部
品种：Vistarich（桃品种）　　　嫁接砧木：GF677
优系编号：6674　　　　　　　　检疫状态：无病毒
苗木种类：母本植株

意大利农业部配发的白色标签

（4）苗木企业的无病毒优系采穗圃（母本园）

远离商品园，避免昆虫传毒介体的侵入。周围挖隔离沟，避免下雨时地面径流流入；每年在不同病毒的显症季节由病毒专家进行圃内踏查，并进行病毒检测（ELISA检测率100%，PCR检测率20%）。每株进行编号，保证未来采取的接穗和培育的苗木可追溯到每株母本植株。水肥一体化管理，保持树体健

苗木企业的无病毒优系采穗圃

壮；采用重短截修剪，培育健壮的接穗枝条。品种扩繁不鼓励组培，因组培过程中可能发生的基因变异而导致品种不纯。砧木的扩繁可以采用组培的方式，组培材料取自预扩繁圃，扩繁十几代后需要重新取材，避免多次继代培养后出现基因变异。

采用组培的方式进行砧木扩繁

三、苹果无病毒优系原种和苗木繁育应检疫病害

无病毒优系原种和苗木繁育并不仅仅指脱除病毒，还包括要脱除具有嫁接传播特性的其他病原物或重大易爆发病害，脱除病毒也并不是没有任何病毒，一般指脱除已发现的具有重要经济危害的病毒和类病毒病害。

目前苹果上需脱除的病原物

类型	病原物名称	
病毒	木质软化病毒	花叶病毒
	皱叶病毒	绿皱果病毒
	粗皮病毒	星裂病毒
	环斑病毒	黄褐环纹病毒
	果面疤痕病毒	苹果斑纹病毒
	褪绿叶斑病毒	弗吉尼亚衰退病
	茎痘病毒	茎沟病毒
植原体	疯枝病：苹果疯枝植原体	小果病病原
	基腐病病原：根癌农杆菌（*Agrobacterium tumefaciens*）	
细菌	火疫病病原：埃文氏菌（*Erwinia amylovora*）	
	花枯病病原：丁香假单胞菌（*Pseudomonas syringae*）	

（续）

类型	病原物名称
真菌	疫霉病病原：苹果疫霉（*Phythophthora cactorum*）
	枝枯病病原：仁果癌丛赤壳菌（*Nectria galligena*）
	白纹羽病病原：褐座坚壳菌（*Rosellinia necatrix*）
	木腐病病原：小蜜环菌（*Armillariella mellea*）
	银叶病病原：银叶菌（*Chondrostereum purpureum*）
	黑星病病原：黑星病菌（*Venturia* spp.）
	轮枝菌萎蔫病病原：大丽轮枝菌（*Verticillium* spp.）

四、官方机构对苗木健康的监控活动

在意大利，由农业部组织并指定专业机构的专家对母本园和苗圃进行健康监控：在病毒最易显症期对监控母本园和苗圃进行病害发生情况踏查；监控母本园接穗数量和接穗的走向；针对监控结果决定是否发放苗木认证标签，标签发放数量低于母本园接穗数量95%。

专家对苗圃进行健康监控

苗木认证标签注明砧木和品种、数量、监控机构等信息内容，一旦定植后在果园发现病毒病则需要溯源到母本园的母本植株。

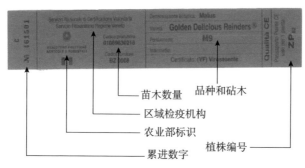

苗木数量
品种和砧木
区域检疫机构
农业部标识
累进数字
植株编号

意大利苗木认证标签

五、中国优质苹果苗木生产

近年来我国苹果苗木需求量不断增加，培育的品种也不断增多，极大地推动了我国苹果产业的发展。我国苹果苗木生产区呈现出集中度较高的特点，主要集中在山东和陕西，也涌现了一批优质的苹果苗木生产企业。下面以山东丰沃集团为例，介绍其苗木生产。

目前，山东丰沃集团的苹果砧木采用目前世界上应用最广泛的矮化砧木脱毒优系M9—T337、M26和B9，引自荷兰沃贝克（Verbeek）公司，其特点为早丰产、适应性广。

砧木组培扩繁：采用专业化、标准化、规范化的组培生产过程，成套组培设备全部采购自荷兰，已建成国际先进的组培科研和生产车间。

定制培养基，保留基质的
营养成分和一致性
国际先进的
全自动培养基设备

精准控制，满足种苗生长
全部采用红蓝光LED灯
封闭式恒温恒湿气流系统

瓶苗的唯一性，保证品种
纯度和质量控制
运用最先进的IVS
订单管理系统

山东丰沃集团组培科研和生产车间

砧木温室炼苗：配有自动控温、喷灌、弥雾等系统的智能温室，保证了组培苗的高成活率。

苗圃的土壤管理：育苗圃远离商品园，土壤经严格检测无重要病虫害和缺素；提前进行土地整理，适应机械化、水肥一体化等管理。

山东丰沃集团苗圃

砧木的田间定植和管理：组培脱毒砧木温室炼苗和生长后，采用机械化、自动化种植（5万株/天）；苗木定植后采用水肥一体化和植保机械化管理。

水肥一体化管理

砧木的田间定植

　　大田种苗种植管理：砧木宽行稀植，大苗嫁接，砧木根系健壮，利于嫁接后苗木的快速健壮生长。嫁接品种生长后抹除基部60厘米内侧芽，并抑制顶芽过度旺长，促进下部分枝。

嫁接品种田间管理

　　多分枝一年生商品大苗：主枝与主干垂直生长，不用拉枝，根系发达，固定性好，植株生长健壮，成活率高，生长力与丰产性两者的平衡性好。

多分枝一年生商品大苗

　　自动化起苗与保存：自动化起苗，不伤根系，保证了种苗的成活率；起苗后，种苗品种数量等分级记录，消毒增湿，入库储藏。

自动化起苗与保存

　　多分枝无病毒优质苹果苗的建园优势：树势生长整齐健壮，不用拉枝整形等措施，管理简单，能够快速见产，较快收回成本并产生效益。

单干苗

多分枝商品大苗

单干苗建园第一年

多分枝商品大苗建园第一年

　　多分枝商品大苗建园第二年可以挂果20个/株，亩*收益3 800元左右，有一定产量，第三年亩产量可以达到2～2.5吨，亩收益9 000元左右。

多分枝商品大苗建园第二年

　　*　亩为非法定计量单位，1亩≈667米^2。

第 4 章

苹果栽培模式的演变

一、概述

苹果在野生状态下的生长是恣意的，在人工栽培下，为了优质、轻简化的目标，进行人为的树体结构改造，使得苹果的树体向矮化转变，树冠结构从三维向二维转变。树体结构的改变使得果园的管理越来越机械化、智能化，且管理技术也愈来愈简单化，便于掌握和应用。

苹果是一种存在了几十万年的古老树种，在其起源地新疆天山等地区以森林状态存在，并随着动物的"携带"而传播。

野生苹果树

野生苹果林与人工栽培园有两个根本的区别：一是基因的多样性，果实酸甜或苦涩，大小不一，色泽各异；二是以其自然的生理状态而生长，不以果实生产为目的。

现代苹果栽培取决于：一是以市场为导向的优良品种，因为果园植株来自无性繁殖，所以基因均一；二是通过栽培实践调控果树生理，向着有利于优质、高产且减少人工投入的管理模式发展，因此，苹果不再享受野生状态的恣意生长，而是被改造成有利于优质苹果生产和人为操作的树形。

新疆野生苹果林　　　　　　　　适于人为操作的现代苹果园

二、苹果的树体结构和树形

　　在品种确定的基础上，研究和调控其生理特性，通过栽培实践，人们可以调控苹果树体的生长，其中对树体结构的改变是核心工作之一，用以创造适于优质苹果生产和便于管理操作的树形。

从乔冠到盆栽（环境控制的重要性）

　　第一次大的树体结构的改变始于1968年荷兰的实践，将传统的、巨大的三维树体，通过M9砧木的应用，培育出适于现代管理的矮化栽植模式，并逐渐在欧洲推广，进而传播到全世界。

由巨大的三维树体到纺锤形（M9）砧木

树体结构指地上部分为叶片和花、果着生提供骨架，由主干、主枝、侧枝、枝组等组成的统一整体，多指单株，群体结构多指整个果园。

苹果的树体结构受砧木和品种生长特性等内在因素影响，还可由水肥管理，尤其是整形修剪等人为因素进行调整，两者相互影响，制约或促进。树体结构决定着苹果的树形和大小，从而决定栽植密度，进而影

树体结构是智慧果园建设的关键因素

响单位面积内的负载量和产量。树形改进的目的是为了方便土壤改良、修剪、采摘和病虫防控等管理操作，尤其随着现代机械化和自动化的实施，更需研究和采用适于农机农艺相结合的树体结构。信息技术的发展，使得智慧果园的建设正在成为未来的主流。

三、传统的乔砧栽培模式与创新

传统的乔砧栽培模式为密植小冠疏层栽培，树冠靠近地面，操作困难，树体郁闭。

传统的乔砧栽培模式

传统密植果园的
提干改造

传统的密植果园，通过提高冠层高度，培养下垂枝结果，使果园可采用一定的机械设备，操作相对简单，但所需劳动力强度仍较大。

四、苹果矮砧密植的意义

苹果矮砧密植

栽培生理意义：①中心干直接着生结果枝，减弱其至去除了"侧枝"的二级结构，缩短了树体结构的生长时限，减少了树体结构生长的营养消耗，营养更充分地输送至果实，可实现早结果和高产；②充足、均匀的光照条件，改变了乔冠树体外围结果的缺点，结果部位更全面，果实内在和外在品质更优良。

栽培管理意义：①营养生长少，修剪工作大幅减少，采用长梢修剪模式，技术简单易掌握；②树体矮小，易于花果管理；③根系生长更小、更集中，土壤管理更简单、高效；④通风透光的果园环境，病虫害发生少，有利于绿色水果生产；⑤有利于水、肥、药、采摘等管理工作的机械化。

五、纺锤形树形的优化

西班牙的长纺锤形苹果园

澳大利亚的纺锤形苹果园（长梢修剪）

意大利南蒂罗尔地区的纺锤形标准苹果园

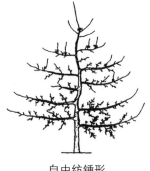

自由纺锤形

1.自由纺锤形

树高3.5米，冠幅2.5～3米，中心干直立，其上分布10～15个小型主枝，每个小主枝间距20厘米，无明显层次，外观呈纺锤形。主枝角度大，宜呈80°～90°，下层主枝长1～1.5米，其上直接着生中、小枝组。适用于每亩栽66～83株的果园。

2.细长纺锤形

树高3～3.5米，冠幅1.5～2.0米。基本结构简单，中心干均匀着生实力相近、水平、细长的15～20个小主枝，单轴延伸，不要过长且不留侧枝，下部的长1米，中部的长70～80厘米，上部的长50～60厘米为宜，树冠下大上小，呈细长纺锤形。管理方便，修剪量小，结果早，果实品质好。适用于（1.5～2.0）米×（3.0～4.0）米的矮化砧苹果密植栽培。

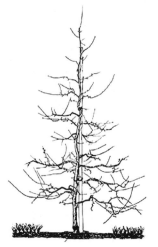

细纺锤形

3.高纺锤形

中干强且直，树高3.5～4.0米；分枝细而密，错落分布约40个，同侧小主枝上下间距为25厘米；每枝都下垂，小主枝平均长度为1米，与中央领导干的平均夹角为115°，其中，树冠下部的小主枝长1.2米，与中央领导干的夹角为100°～110°；树冠中部的小主枝长1.0米，与中央领导干的夹角为110°～120°；树冠上部的小主枝长0.8米，与中央领导干的夹角为120°～130°；树冠上下部平均冠幅2米，主干高80～90厘米。

高纺锤形

　　在自由纺锤形树体的基础上，进一步研发了细纺锤形和高纺锤形树体管理模式，完全弱化了二级结构——侧枝，冠径进一步减小，进一步实现更高密度栽植，修剪量进一步减少。

智利的细长纺锤形标准果园　　　　　澳大利亚的高纺锤形苹果标准园

4.Y形和V形

　　基于矮砧和纺锤形树形，人们创造了V形（单行高密度种植，树体隔株交替向两侧倾斜）和Y形栽植模式（双行种植，树体向两侧倾斜），栽植密度更大，可更快提升单位面积内结果枝量，从而更快实现单位面积内的高产。但由于两排树间的空间狭小，导致修剪、采摘、病虫管理等操作很复杂。

Y形种植（澳大利亚）　　　　　V形种植（美国华盛顿州）

5.Mikado树形

于中心干50厘米或60厘米高度，留4个分枝，如倒立板凳的4条腿，有利于降低各分枝的树势，从而有利于短枝结果，且由于较高的枝条数量有利于实现高产。但树体整形、修剪、采摘和病虫管理复杂费工。

德国Mikado树形的果园

六、纺锤形树形在生产中存在的问题

苹果矮砧的纺锤形树形，采用长梢修剪，可以获得很好的果实产量和品质，但仍需较多的人工投入，不利于机械化。纺锤形树形一般需要行间距大于4.0米的栽植空间，枝条拉枝、绑缚需2～4年，需要较多的人工（150～300小时/公顷），对修剪技术要求较高。

1.顶端优势的生理特性带来的管理问题

由于顶端优势的生理特性，随着果园的树龄延长，长势较旺的品种容易出现上强下弱，顶端大量产生嫩旺枝条，而下部枝条老化，使得结果能力下降，造成侧枝更新困难。

意大利10年生富士——超级纺锤形

2.树体营养生长过旺的问题

在温暖多雨地区，也存在树体营养生长过旺的问题，容易产生树体郁闭。

巴西生长旺盛的纺锤形苹果树

3.离心式长梢修剪造成太多结构型枝条

纺锤形树形克服了传统树形的短截和枝组培养的复杂技术需求，主要以疏除、拉枝和枝条单轴长放为主，虽然简化了修剪技术，但是这种离心式长梢修剪造成太多的结构型枝条，尤其是采用自由纺锤形的长梢结果品种，随着树龄的延长，二级侧枝结构仍不可避免，为枝条更新带来问题。

4.长梢修剪造成机械操作难等问题

长梢修剪造成枝条过长，行间郁闭，影响机械操作，尤其是以长梢结果的品种和树龄较大的果园。

离心式长梢修剪造成的结构型枝条

长梢修剪导致疏花疏果困难（无论化学、机械还是人工疏花疏果），甚至采摘也变得非常复杂。

离心式长梢修剪的影响（智利）

长梢修剪导致的树体结构郁闭和行间变窄

七、多中心干树形

　　改纺锤形单中心干为两个或多个中心干模式，在同样根系的基础上将营养分流至各中心干及其侧枝，相当于一个树体上承载两个或多个细小纺锤形结构。

　　多中心干树形有利于营养分流以减少纺锤形长梢修剪的结构型枝条，从而减少侧枝更新问题和不利于机械平台操作问题，此外，还可提高树体的透光率和树冠表面积，从而更有利于光能的充分利用和增加最佳挂果位置。

单中心干树形 　　　　　　　　　　　 两中心干树形

树形影响树冠内的透光性和非生产区域的大小，与具有中心干的纺锤形树冠相比，自然状态下的球形树冠更有利于树冠内阳光的穿透和分布。

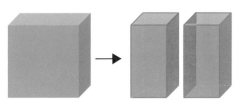

任何分化都会创造新的表面

5米　　　　　　　3.5米　　　　　　2.5米
24.4%　　　　　　12.5%　　　　　　1.6%　　　　自然状态球形树冠向上向外扩展

树冠大小与非生产区域（阴影部分）比例（引自 Bill Craig, 2006）

富士单中心干树体结构　　　　　　　富士两中心干树体结构

粉红女士单中心干树形　　　　　　　粉红女士三中心干树形

四中心干树形（中国农业科学院果树研究所 李壮）

美国华盛顿州某果园的两中心干树形

加拿大基隆拿附近某果园的超级纺锤形树形和两中心干树形

由于营养的分流使得每个中心干侧枝更加细小，多中心干树形可以更好地解决单中心干纺锤形可能导致的结构型枝条，从而控制单株的树冠宽度变窄，从整个果园的群体结构来看，可以缩小行距，增加栽植密度。

八、苹果的平面栽培

将果园内整行苹果整形成墙壁状，以便于机械疏花和简化修剪等。最初的平面栽培是通过修剪机械对树形进行整齐修剪，属于粗放的管理模式。

美国密歇根某果园纺锤形树形的机械化修剪

多中心干树形的研究和应用，创造了新的精细管理模式下的平面种植模式。

嘎啦品种的多中心干树形

多中心干树形使侧枝弱化，树冠更窄，整行类似于有一定厚度的二维平面，行距可以减至小于3米，但机械作业仍有足够的作业空间。由于树冠的变窄，更有利于花果管理，树冠内光照更好，果实品质更好。

金冠品种的多中心干树形

去除纺锤形树体朝向行间的枝条，只留朝向行内的枝条并进行水平绑缚，形成真正的二维平面树形，树冠宽度更窄。

智利某果园的长纺锤形二维平面树形　　　新西兰某果园的二维平面树形

荷兰某梨园的二维平面树形

苹果树体由三维树形变为二维树形的优点：改变三维的立体结构，在较窄的平面墙上，使得果实从上到下都均匀的暴露出来，很容易看到并碰到果实，从春季至采摘果实都固定在同一位置，这样的树体结构和由此形成的群体结构适于机械化管理（疏花疏果、修剪、采摘）；树冠可以进一步压缩至0.35米厚，行间距可减至小于3米，光照更好，可以生产更高品质的果实；树冠通风性更好，病害发生较轻，且有利于农药喷施。

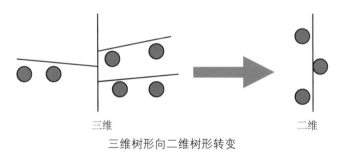

三维   二维

三维树形向二维树形转变

1. Guyot树形——一种超薄的新型平面栽培树形

Guyot树形只有简单的两级结构，一级结构为半水平主干；二级结构为垂直半永久性结果枝条。和其他树形相比，树体进行了90°的旋转，垂直中心干变为水平干，水平枝变为直立枝，再无其他结构（没有二级枝条），垂直枝（20 000 ~ 30 000条/公顷）不是永久性的。果园整个生命周期，枝条更新都在同一高度（距地面 0.5 米），从底部（距地面0.4米）到顶部都是统一的。Guyot树形的直立侧枝，更符合苹果的直立生长的生理特性；通风透光更好；更适于机械化和精准农业。

各种树形的特点

树形／特点	中心干	侧枝	维度	行间距	机械平台
纺锤形	直立/高	水平/结构枝	三维/宽	4米	使用不便
多中心干形	直立/中	水平	三维/窄	<3米	较易使用
水平二维形	直立/高	水平	二维/很窄	<3米	易使用
Guyot树形	水平	直立	二维/很窄	<3米	易使用

（1）Guyot树形的栽植和树形培养

单Guyot树形中心干向行内一侧近水平弯曲，双Guyot树形为同一高度嫁接的两个中心干交叉向行内两侧近水平弯曲，并随品种和砧木的长势强弱而采取不同的栽植密度。

品种和砧木长势不同的栽植密度

树形	弱		中旺		旺	
	株距／米	栽植株数／公顷	株距／米	栽植株数／公顷	株距／米	栽植株数／公顷
单Guyot	1.3	3 800	1.5～1.7	3 125	1.8～2.0	2 632
双Guyot	1.8	2 500	1.9～2.2	2 439	2.3～2.8	1 961

双Guyot 树形的培育需要工作250小时/公顷（第一年）

垂直枝条固定在铁线上保持15 ～ 20厘米间距

定植株数/公顷	……2 000
单株苹果个数	………… 50
单株产量/千克	……… 12
每公顷产量/吨	……… 24
单果重/克	………… 143
着色率/%	…………… 96

嘎啦品种的双Guyot树形（第二年，2米×2.5米）

粉红女士双Guyot树形第二年，每株120个果

定植株数/公顷 ······2 000
单株苹果个数········· 149
单株产量/千克 ······ 24.8
每公顷产量/吨 ········ 50
单果重/克 ············ 166
着色率/% ·············· 81

嘎啦品种的双 Guyot 树形（第三年，2 米 × 2.5 米）

嘎啦品种的双 Guyot 树形（第四年）

定植株数/公顷 ······1 792
单株苹果个数··········· 33
单株产量/千克 ······ 11.2
每公顷产量/吨 ······ 19.5
单果重/克 ············ 336
着色率/% ·············· 79

富士品种的双 Guyot 树形（第二年，2 米 × 2.8 米）

定植株数/公顷 ……1 792
单株苹果个数……… 112
单株产量/千克 …… 29.7
每公顷产量/吨 …… 60.5
单果重/克 ………… 265
着色率/% …………… 98

富士品种的双 Guyot 树形（第三年，2 米 × 2.8 米）

富士品种的双 Guyot 树形（第四年，2 米 × 2.8 米）

粉红女士双 Guyot 树形（第四年，2.3 米 × 1.3 米）

　　在整个果园生长周期，利用Guyot树形，使从果树下部替换强壮直立枝成为可能。

疏除前　　　　　　　　　　　　疏除后

Guyot 树形直立枝修剪前

Guyot 树形直立枝修剪后

（2）Guyot 树形有利于机械平台在果园高效利用

综合比较水平型、垂直型和倾斜型三种栽植模式，垂直型更符合植物生理，便于管理，特别是 Guyot 树形更加符合机械和精准园艺管理。

二维水平型

塔图拉倾斜型

Guyot树形和多中心干垂直型

Guyot树形的果园，可以设计和使用风力疏叶设备。由于超薄和均匀的二维树形，不同部位风力均衡，可以高质量地疏除叶片以保障果实着色均匀。

粉红女士Guyot树形果园采用Olmi风力疏叶设备进行叶片疏除

粉红女士纺锤形果园人工疏除叶片15天后果实着色情况　　　粉红女士Guyot树形果园采用Olmi风力疏叶设备疏除叶片15天后果实着色情况

　　粉红女士纺锤形和Guyot树形果园在疏除叶片后第15天着色情况，两者没有显著区别。在纺锤形果园，人工疏除叶片效率为350小时/公顷，在Guyot树形果园，采用Olmi风力疏叶设备的叶片疏除效率为3小时/公顷（速度2.1千米/小时）。

　　（3）Guyot树形适用于精准园艺

Guyot树形的垂直枝更符合苹果树的生理特性，生长健壮且垂直枝上直接着生花芽

依据Guyot树形直立、均匀、直接结果无侧枝等特点进行精准园艺，如每两个绑缚线中间留5个果，4道绑缚线，每株8个直立枝，每公顷2 500株，单果重0.2千克，则每公顷产量为：5×4×8×2 500×0.2=80（吨/公顷）。

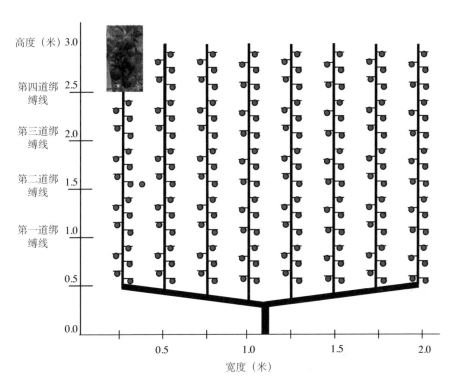

传统纺锤形苹果园所需机械体积庞大、笨重

采收   疏花

修剪   喷洒农药

Guyot树形果园可采用小型化、轻型化、智能化机械平台

    Guyot树形果园更加适于机械采摘。现代化机械臂可以模仿或超越人工的精准性、轻柔性和速度，Guyot树形的超薄二维结构、可分段设计的留果模式等，适于机器人的视觉系统工作，不用再发展极其复杂的软件系统以控制机械臂；另外，机械臂采摘果实时运行距离短，经济高效，如在传统纺锤形果园，机械臂每公顷采果需要运行280千米的距离，采摘量只能达到150～200千克/小时。而在Guyot树形果园，由于行距变窄，机械臂每公顷采果只需运行100千米的距离，采果速度可达400千克/小时。

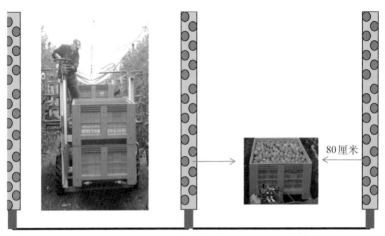

传统纺锤形果园机械臂采摘效率低，运行距离较大

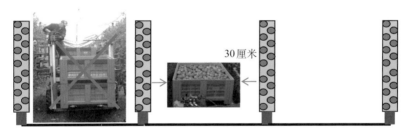

Guyot树形果园行间变窄，机械臂距离果实较近，采摘效率高，运行距离小

总 结

> 国际上现代苹果园最常见的是嫁接在矮砧（如M9）上的纺锤形树形栽培模式。

> 超级纺锤形树形早果性和丰产性很好，但果园寿命只有10～12年，且不利土壤培肥。

> V形树形非常高产但投入高、不利于机械化。

> 机械化发展和缺乏娴熟劳动力的现实，推动了窄冠幅和果树墙树形的发展。

> Guyot树形是最新的多领导干树形，适于精准园艺，没有第三维，没有永久领导干，只有垂直枝条。

第 5 章

苹果的壁蜂授粉

蜂类是虫媒花高效优质授粉的主要种群，但杀虫剂的大量应用、气候变化、现代农业的均质化导致的栖息地单一和丧失等原因，使得蜜蜂和其他多种访花昆虫的数量减少，使其难以满足苹果产业对授粉的需求。因壁蜂授粉高效、饲养和管理简单等，使得采用壁蜂授粉成为现代苹果产业的主要技术之一。

一、植物的开花与蜜蜂授粉

靠昆虫为媒介进行传粉的花称虫媒花，多数有花植物是依靠昆虫传粉的。常见的传粉昆虫有蜂类、蝶类、蛾类、蝇类等，其中蜜蜂是最高效的传粉昆虫。

蜜　蜂

苹果开花后授粉良好，可增加果内种子数量，保障苹果果形正、果个大、品质好。蜜蜂授粉在保证授粉质量的同时，比人工授粉效率高、成本低，在劳动力日益短缺的现代社会，可保障苹果生产的可持续性。

蜜蜂授粉

二、蜜蜂的退化与人工繁育的重要性

　　自2014年开始，欧洲科研人员连续多年的调查，发现许多地区蜜蜂数量减少与农业授粉的需求严重不匹配，蜜蜂数量减少导致难以满足产业对授粉的需求。人工繁育高效传粉蜂种以满足农业需要，现在已成为欧洲畜牧业第三大产业。

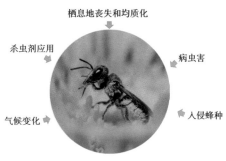

栖息地丧失和均质化

杀虫剂应用

病虫害

气候变化

入侵蜂种

蜜蜂数量减少的原因

三、人类优选的授粉蜂类

　　蜜蜂因其极高的酿蜜能力而最早被人类所认识和重视，并最早进行驯化，熊蜂和壁蜂是人们依据其特性而专门筛选和驯化的授粉蜂类。其中，壁蜂因其环境适应力强、授粉高效、易于繁殖和管理等特性而广受重视和应用。

种类	蜜蜂	熊蜂	壁蜂
属	*Apis*	*Bombus*	*Osmia*
蜂群结构	群集：蜂王+40 000工蜂	群集：蜂王＋300工蜂	独居：雌蜂+雄蜂
培养和管理起始时间	公元前2600 年	20世纪80年代	近些年刚开始
地理分布	全球	全球	部分地区
利用	产蜜、授粉	授粉	授粉
可持续授粉能力	较强	弱	中等
作物喜好性	多样	番茄和其他蔬菜	早花的水果

目前，世界上驯化和利用的壁蜂有多种：如凹唇壁蜂 *O. excavta*、欧洲角额壁蜂 *O. cornuta*、日本角额壁蜂 *O. corniforns*、紫壁蜂 *O. jacoti*、蓝壁蜂 *O. lignaria*、红壁蜂 *O. bicornis* 等。

四、壁蜂的年生命周期

1. 雌雄蜂交尾

壁蜂为独居蜂，一般雄蜂出巢比较早，雄蜂出巢以后会等雌蜂出巢，雌蜂出巢后很快就会和雄蜂交尾，然后寻巢定巢。壁蜂的这一习性，为人工饲养提供了有利基础。人们常用苇管、彩色塑料吸管等模拟其巢穴引诱其定居产卵。

雌雄蜂交尾

2. 采花粉和授粉

壁蜂雌蜂采集幼蜂生长所需花粉，客观上以高效的方式帮助植物授粉。雄蜂没有腹毛刷，它们会吃花粉，但不会采集花粉，生存时间也比雌蜂短。

采花粉和授粉

3. 产卵繁殖

壁蜂雌蜂采集花粉后于管形巢内贮藏并产卵。每产一粒卵后即用泥进行封堵。为助其多产卵，实践中需要在其蜂巢附近提供可方便采集的湿泥。

产卵繁殖

4. 后代的发育

卵孵化后取食贮藏的花蜜，然后化蛹，羽化成成虫。壁蜂每年越冬后出蛰、交尾、产卵，活动期大约40天，其他320天处于非活动状态。

后代的发育

5.茧中越冬

以羽化成虫的方式在茧中越冬，翌年春季温度合适时出蛰，开始新的生命周期。人们可以收集越冬茧，在春季根据花期授粉需要进行贮藏和调节出蜂时间。

茧中越冬

壁蜂经人工驯化，可诱引其集中营巢。1年中有320天左右在管巢中生活，在管巢外生活40天左右。以茧内成虫在管巢内越冬，翌春气温上升至12℃时，成蜂在茧内开始活动，并咬破茧壳出蜂。一般从出蜂释放、授粉、繁蜂、回收经历的过程是30～40天。壁蜂从释放开始，5～9天开始筑巢、产卵。卵期7～10天，孵化的幼虫靠吃花粉生长发育，幼虫经过30～35天后开始化蛹，经过40～60天蛹羽化为成虫，进入越冬期，翌春出蜂。壁蜂1年1代，自然生存、繁殖力强、性温和、无需喂养。

五、壁蜂授粉的优点

和蜜蜂相比，壁蜂授粉有其突出的优点，方便管理，授粉效果更好。

1.耐寒性好

壁蜂在12℃左右即可咬茧出蜂，在较低温度下采粉活动能力也很强，对于苹果等早春开花的植物有较高的授粉优势。

2.授粉效果好

壁蜂依靠腹部毛刷（蜜蜂靠腿部毛刷）携带花粉，携带量更大，且访花速度更快（10～17朵花/分钟），以较少的蜂量即可获得较好的授粉效果。

壁蜂授粉

3.轻微降雨不影响活动能力

春季遇到小雨时，壁蜂的活动能力不受影响，仍能保持较好的授粉效果。另外，交叉授粉能力强，授粉距离较大。相比较而言，1只壁蜂和300只常规蜜蜂一样有效。

六、苹果园壁蜂授粉技术与壁蜂管理

我国果农在实践中采用简易的壁蜂释放与管理技术，苹果坐果率比自然授粉提高30%以上，与人工授粉相当，但又省却了繁复的人工授粉过程。果农利用壁蜂的生活习性，自我收集扩繁的壁蜂，用于翌年重复使用，经济且高效。

1.放蜂前果园管理

释放壁蜂授粉的苹果园，必须在放蜂前10～15天打1次杀菌剂和杀虫剂，此后及放蜂期间禁止使用任何药剂。

2.蜂巢管的准备

巢管直径0.7厘米左右，可用芦苇制作。用电锯将芦苇锯成段，一端留节做巢管底部，另一端做巢管入口，要光滑，以防刺伤壁蜂，入口端最好涂成红黄绿等不同颜色。巢管也可用专利技术的彩色塑料管代替，一端蘸取泥浆后晾干封堵管口做蜂巢底部。巢管用报纸裹住中部，

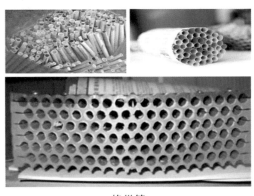

蜂巢管

捆扎成捆，所有巢管入口一端平齐。也可使用商品化的蜂巢，易于病虫防控、剥出蜂茧等。

3.蜂巢的准备和壁蜂释放

蜂巢可用纸箱或空心砖等制备，上、下、左、右和后面密封，内置2 ~ 3捆蜂巢管，入口端向外，蜂巢放置距地面20 ~ 30厘米高，以防蛇、蚂蚁等干扰，要有防雨措施，避免雨水打湿蜂巢和蜂巢管，蜂巢朝向向阳一侧，蜂巢前要开阔，蜂巢后最好有树木，这样既便于壁蜂回巢又有利于壁蜂保持安全感。为方便壁蜂取泥封巢，提高繁育和授粉效率，在蜂巢前2 ~ 3米挖浅坑，内铺塑料膜后放置黏土和水混成的泥浆。蜂巢附近可提前种植白菜、萝卜等提前开花的蜜源，方便壁蜂提前采蜜进行产卵，提高繁育效率，苹果花开放时拔除蜜源植物，促进壁蜂转向给苹果花授粉；或不配置蜜源植物，在苹果中心花开放3% ~ 5%时放蜂。

蜂巢的准备与释放

放蜂时将蜂茧放在一个宽扁的小纸盒内，盒四周戳多个直径0.7厘米的孔洞，供蜂爬出。盒内平摊一层蜂茧，然后将纸盒放在蜂巢内。蜂茧放在田间后，壁蜂即能陆续咬破茧壳出巢，7 ~ 10天出齐。将蜂茧从低温贮存条件中提前取出，在室温下存放2 ~ 3天再放到田间，可缩短壁蜂出茧时间。若壁蜂已经破茧，要在傍晚释放，以减少壁蜂的逸失。

　　每亩地应均匀建造5个蜂巢，盛果期苹果园每亩放200 ～ 300头蜂茧，初果期的幼龄果园及结果小年，每亩放150 ～ 200头蜂茧。

4.蜂管回收和保存

　　在苹果花期结束时，授粉任务完成，繁蜂结束，要及时将蜂巢收回，蜂巢收回前果园不要喷药。把封口的巢管按每60支为一捆装入网袋，挂在通风、干燥、避光、干净的房屋中贮藏，注意防鼠。切勿放在堆有粮食等杂物的房内，以防谷盗、粉螨和鳞翅目幼虫的危害。

红蜘蛛（*Chaetodactylus* sp.）危害

果蝇（*Cacoxenus* sp.）危害

网纹甲虫（*Trichodes* sp.）危害

　　蜂管的多少可按下年的留蜂量而定，一只蜂产9 ～ 15个卵，一般一管10个卵左右。一只蜂需12 ～ 15厘米长的管1.5根。产卵的数量受温度的影响明显，温度低产卵少，温度高则产卵多，但温度不可过高，切不可高于孵化适温。

蜂管内的蜂茧

翌年立春后温度逐渐上升，此时就要把管中的蜂茧剥出，选好后装瓶放入冰箱的保鲜室内，温度1～5℃为宜，温度过高，壁蜂就会从茧中钻出无法使用，温度过低则会把壁蜂冻死。

七、授粉产业与壁蜂产业的发展趋势

大部分苹果品种为异花授粉植物，果园规划必须设置可与其花期相遇的授粉树，才能充分发挥壁蜂交叉授粉的效率。

壁蜂授粉只是解决了受精不充分的问题，是端正果形、增大果个、改善苹果品质的前提条件之一，但仍需加强肥水管理、科学修剪、合理负载、果实套袋、生长调节剂的应用等栽培管理措施。

1.授粉产业

随着自然界蜂类数量的减少，露地、设施、反季节等栽培方式的多样化，随着果树、蔬菜、花卉等栽培种类的多样化和极端气候区域设施栽培的扩展，人类对农业产业授粉的需求在急剧增加，授粉产业具有极其广阔的应用前景。

随着栽培种类和环境的多样化，需要适应不同条件的高效授粉蜂类，如熊蜂对茄科作物授粉具有偏好且授粉效果更好。

2.壁蜂产业

鉴于壁蜂授粉高效、易于管理的特性，很多国家均开展了相关应用研究，尤其在欧洲，2015年在瑞士专门成立了国际合作和产业研发团队——POLINATURE，一批优秀的青年科研人员深入开展优异授粉壁蜂的筛选、生物学特

POLINATURE的青年科研人员

性、产业化设备和应用技术的研究与开发工作，目前在5个国家已普遍开展了相关产业服务实践。

中国和日本在壁蜂种类的鉴定、不同壁蜂的环境适应性和传粉效率等方面也有诸多研究、部分厂家开展了相关产品的研发和市场供应，较果农自我繁育更加标准化和高效。

壁蜂种类极其多样，在优异蜂种筛选、产业化研究方面仍有巨大的潜力。

POLINATURE 的壁蜂产品

第6章
苹果的疏花疏果

苹果的疏花疏果可节约大量树体营养，提高果品质量、产量，促进花芽分化和树势健壮，促进树体营养平衡，使其持续丰产、优质。在我国，人工疏花疏果投入过量劳力，仍是限制我国苹果产业效益的重要原因。化学疏花疏果技术在欧洲相对成熟，本章介绍了其产业实践，望有助于我国相关产业实践。

一、果树养分分配原理

果树营养物质的分配是不均等的，一般是极性位置高或代谢旺盛的部分得到的营养物质较多。由于每个发育时期各个器官的活跃程度不同，所以不同器官的养分竞争能力是不一致的。如在萌芽与开花期，主要是花与叶的竞争；新梢生长与幼果发育期，主要是新梢与幼果间的竞争；花芽分化和果实膨大期，主要是果实与花芽的营养竞争或过多过旺的枝叶生长与花芽、果实竞争。开花结果过多，抑制了根系、枝叶生长，并影响花芽分化，也影响果实增大与发育；枝叶生长过旺，抑制果实生长与花芽分化。

叶片所制造的同化产物首先供应本枝和距离最近的枝、果生长，距离近的得到的更多，这是营养的"就近供应"现象。营养枝同化产物除自身消耗外，还可以运到同一母枝上的其他短枝和结果枝中。

苹果同化养分一年中有3个运转时期，一是在萌芽时，主要是利用上年所贮藏的养分，集中供给萌芽、开花，之后供给新梢、果实生长（果实细胞个数的增加），两者争夺养分剧烈，贮藏养分日益减少，叶片同化的养分只能供应局部；二是在花芽分化与果实膨大期，以叶片制造的光合养分为主，在新梢生长过旺的树上，则新梢生长与花芽分化的矛盾突出；三是果实成熟期，枝叶生长已全部停止，芽的分化和根的生长还在继续，叶片同化与根系吸收的营养物均以贮备为主。

营养生长与生殖生长的关系主要表现在营养器官的枝叶生长和生殖器官的果实发育、花芽分化之间的关系。营养生长是生殖生长的基础，在适量枝叶的基础上才能多结果、结好果。而营养生长和生殖生长又互相争夺养分，若果、枝、叶生长过旺，大量的营养用在枝叶生长上，就会抑制花芽的形成，可能会引起落花落果，影响果实的发育。若枝叶生长衰弱，积累营养不足，则同样影响花芽的形成和坐果；反之，开花结果过多，消耗大量营养物质，就会削弱营养器官的生长，使树体衰弱，降低产量、质量，抑制花芽形成。

二、苹果疏花疏果的目的

　　一是平衡生殖生长和营养生长，控制因太多果实对营养的大量消耗，保障枝条充分生长和树体营养的累积，同时也保障翌年足量和高质量花芽的分化；二是通过控制果实数量，保障每一个果实得到充分的营养供应，提高果实品质。

合理的树体负载，当年优质，来年稳产

疏花疏果后，富士品种的果实大小均匀、色泽靓丽

春季疏花疏果不到位，留果太多

没有疏花疏果，秋季果个小、色泽差，新梢少，花芽分化差

三、苹果疏花疏果的比例

叶片是供应果实和树体生长所需同化营养的唯一来源。叶果比一般为30～60：1，具体比例取决于品种、砧木、海拔高度、土壤和气候等。人工疏花疏果一般采用距离法，最终保持15～20厘米留1～2个果。

疏　果

疏花前：大约50朵花

疏花后：只留5朵花

四、苹果疏花疏果的方式

疏花疏果方式包括人工疏花疏果、化学疏花疏果和机械疏花疏果。

1.人工疏花疏果

人工疏花疏果是传统的操作方式，可以留取最优质的花果，需要熟练的操作工人，费时费力，劳动成本太高，尤其随着农村劳动力的减少，人工疏花疏果越来越难以为继。

2.化学疏花疏果

化学疏花疏果是根据中心花较边花优先开放，利用中心花和边花开放的间隔时间差来疏除边花，通过使用化学疏花疏果剂破坏柱头和落在柱头上的花粉管等，阻止授粉受精，只影响尚未受精和正在开花的花朵，保留中心花全部授粉坐果，中心果吸收更全更多的营养，边花刚开放还未授粉受精，最后没有活力发黄干枯。化学疏花疏果可以大幅度减少人工疏花疏果的劳力投入，在劳动力日益减少、劳务费用日益提高的大背景下，这样就能逐渐成为必不可少的方法，但易受品种、果园树势整齐度、花期温湿度等影响。

3.机械疏花疏果

机械疏花疏果是利用位于果园机械一侧的滚动转子上的塑料条的抽打作用疏除花朵，疏除比例可以通过控制拖拉机前进速度和转子速度等进行调控。机械疏花疏果不受品种和环境条件等的影响，效率高，环境友好，但需要整齐的、较窄的树冠条件，传统栽植模式果园无法利用，机械的方式对花的疏除（中心花、边花）没有选择性。

机械疏花疏果高效且不受气候环境影响，但需要在现代果园中使用

五、苹果的化学疏花疏果

掌握苹果的化学疏花疏果技术，需要了解苹果的开花、授粉受精、化学疏花疏果剂种类和疏除原理、存在的风险和规避措施等。

化学疏花疏果要在一定比例的中心花安全授粉受精的基础上进行，以保证具有足够的、授粉良好的花，从而保证产量和果实品质。

授粉良好才能保障种子发育完全、果个大、果形正、品质优

及时喷施化学疏花疏果剂，避免边花授粉受精

根据苹果花序的开放规律和化学疏花疏果剂的应用时期，可将苹果开花分为4个时期：铃铛期、初花期（第一朵中心花开放时期）、盛花期、落花始期（中心花花瓣脱落期）。

铃铛期

初花期

盛花期

落花始期

1.存在风险的疏花疏果剂

（1）西维因和石硫合剂　通过灼伤柱头而阻碍授粉受精，效果慢，需多次喷施，影响授粉及壁蜂活动。

（2）乙烯利　可抑制花粉管伸长，自身分解形成乙烯促进内源乙烯生成而形成果柄离层，导致落果，浓度大和高温下容易疏果过量。

（3）萘乙酸　干扰树体内激素代谢和运输，形成乙烯促进落果，效果不稳定，易引起叶片偏上生长、畸形，抑制果实生长等后遗症。

（4）氨基甲酸酯类杀虫剂　内吸进入植物维管束阻碍和干扰幼果营养和激素运输，从而导致部分幼果脱落，但危害花期访花昆虫，或可能致癌。

（5）敌百虫　减弱"源""库"强度，加剧短果枝碳水化合物暂时短缺，部分小果因缺乏营养而落果，存在农药残留和环境污染问题。

（6）二硝基化合物　种类较多，通过灼伤花粉和柱头而影响授粉，进而达到疏花目的，但湿度大易造成危害，且易引发果锈。

2.较为安全的疏花疏果剂

（1）硫代硫酸铵（ATS）一种硫基氮肥，可使柱头脱水导致无法受精，对叶片有一定的影响，如抑制光合，诱导产生乙烯，可使发育不好的果实落果。一般喷施2次，第一次在落花始期（中心花花瓣脱落期），2～3天后喷施第二次。喷施ATS时要防止湿度过大造成药害。

第一次喷施ATS：中心花花瓣脱落时，地面始见零星花瓣

ATS喷施太晚　　　　　　　　　　湿度过大造成ATS药害

没有喷施ATS　　　　　　　　　　喷施ATS后的疏花效果良好

（2）智舒优花 一种非激素类的绿色疏花剂，由山东省果树研究所王金政老师及其团队研发，并由青岛星牌作物科学公司生产。其原理是封闭花朵柱头从而阻止受精，由于开花的时间差，对已开花并完成授精和未开花的花苞没有影响，只对开放而尚未受精的花起作用，因此产品安全、风险小。和其他疏花剂相比，智舒优花具有安全、稳定等特点，且不影响花期蜜蜂的活动，无其他副作用。

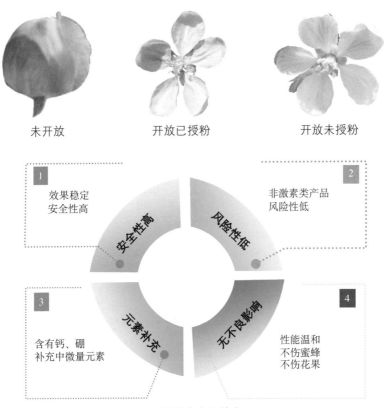

未开放　　　　　开放已授粉　　　　　开放未授粉

智舒优花产品特点

智舒优花利用开花时间差，通过封闭柱头的方式阻止受精，从而实施疏花。该药剂需要喷施两遍，第一遍在整树花开放30%～40%时喷施，此时中心花均已开放，个别边花开始开放，中心花授粉完成不受影响；第二遍在整树花开放70%～80%时喷施。果园中由于树体之间差异，喷施时需要区别对待。

0%　　　　　　　第一遍喷施　　　　　　第二遍喷施　　　　　　100%

喷施智舒优花可以留取大比例的单果或一定比例的双果，可以继续进行一定的人工疏果，但大大降低了人工成本。但在温度上升太快，花开放太迅速的情况下效果较差。

喷施智舒优花的效果

喷施智舒优花，可以留取中心花，并尽早减少边花幼果发育的营养消耗，因此，果实一般果个较大、果形正。

（3）苄基腺嘌呤（BA）　一种激素，疏果机理尚不清楚，具有增大果个、提高果形指数、增加翌年花量、减少果锈且对贮藏期无影响等优点。缺点是使用较晚，可能促进腋芽萌发、增加副梢，导致树形较乱，多雨地区慎用。另外，使用不当可能造成侏儒果。BA第一次使用最晚在果径10～12毫米时，第二次使用在果径14～16毫米时。

BA疏除顶花芽、幼果效果较好

果茎10 ~ 12毫米第一次喷施

使用BA后疏果效果良好

　　化学疏花疏果的疏除量受各种因素的影响，在广泛应用时要谨慎考虑时期、药量、品种、气候、树势、展着剂等，避免疏除过度。生产上大面积应用时，应就地进行小面积试验。

第 7 章

生长调节剂的使用

植物生长调节剂的种类很多，根据其生理功能可分为植物生长促进剂、植物生长抑制剂和植物生长延缓剂，合理使用可调控植物的生长发育，改善农作物生长。苹果生产中，生长调节剂可通过调节树势以控制徒长和促进花芽分化，还可提升果实品质。

一、调环酸钙

1.概述

调环酸钙是一种新的植物生长调节剂，于1994年由日本组合化学工业公司开发并推出，属酰基环己二酮类生长延缓剂。调环酸钙不同于季铵盐类（矮壮素、甲哌鎓）、三唑类（多效唑、烯效唑）等植物生长延缓剂，开创了赤霉素生物合成后期抑制的新领域，目前已经在欧美等国家商品化并大面积应用。

调环酸钙化学结构式

绿色无残留是调环酸钙最大的特点，它在土壤中的半衰期不超过24小时，这是其他调节剂产品不可企及的优势。调环酸钙通过叶面处理起作用，能抑制许多植物的茎干伸长，从而抑制植物的生长，具有促进侧芽生长、发根和使茎叶保持浓绿等作用。人们对它的认识依然在不断改变，此外，还发现其能够对植物的光合作用进行直接调节，同时调环酸钙能够对活性赤霉素、乙烯、生长素、水杨酸、脱落酸等植物激素有广泛的调节作用，具有显著的抗病、抗虫和抗逆作用。

德国巴斯夫将调环酸钙注册商标Regalis，在意大利等国家已用于苹果的树势调节和促花芽分化，其目标是树体的生长调节，影响花芽形成从而直接影响翌年花量。实践中与柠檬酸组合喷洒，要求采前间隔期55天。

2.调环酸钙对树势调节的试验

（1）对新梢生长影响试验

试验证明：调环酸钙处理2次可有效控制新梢生长，至8月3日调查时停长新梢比率达100%。

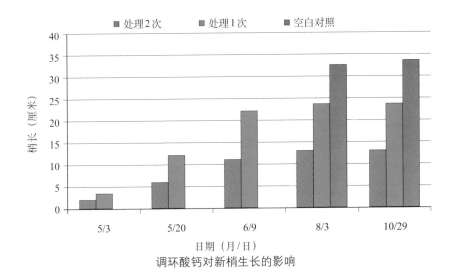

调环酸钙对新梢生长的影响

（2）对旺长新梢的影响

试验证明：喷施2次调环酸钙，8月3日所有旺长新梢停长，平均梢长控制在25厘米；喷施1次，8月3日大部分新梢停长，平均梢长控制在38厘米；空白对照8月3日平均梢长50厘米，新梢没有停长，继续生长，到10月底测量时约达60厘米长，生长细弱，无花芽分化。

调环酸钙处理2次   空白对照

（3）对坐果的影响

试验表明：在始花期喷施调环酸钙，每100个花序坐果率达到80%，而空白对照每100个花序的坐果率仅有50%。

3.注意事项

喷施调环酸钙主要针对果枝，可有效抑制新梢生长，使新梢早停止生长，促进花芽形成和坐果。但要掌握施用时机和正确的剂量。喷施需要根据树体结构需要，与修剪技术相结合。

调环酸钙处理2次　　　　　　　　　　空白对照

空白对照　　　　　　　　　　调环酸钙处理2次

调环酸钙处理试验结果

二、果动力

1.概述

苹果果形"高桩端正"是高档苹果的重要指标之一。但因为品种、种子分布不均（内源激素分布不均）、营养不良和疏花疏果不严格等导致苹果偏斜果、扁果的现象较严重，对果实的外观品质和商品价值影响较大。

四川国光农化股份有限公司是我国私营、世界最大的植物生长调节剂研发和生产公司之一，公司研发的"果动力"（3.6%GA_{4+7}+6-BA）可有效提高苹果果形指数、减轻歪斜果，并在实践中获得良好应用。

2.原理

苹果通过自身种子分泌内源激素（赤霉酸、细胞分裂素等）来促进细胞的分裂、伸长及营养调动，从而使得果实正常生长。若种子较少、内源激素不足，则会出现偏果、扁果的现象。果动力是通过外源补充GA_{4+7}、6-BA，以促进苹果的细胞伸长以及细胞分裂；另一方面，研究发现苹果萼部细胞分裂停止较胴部晚，而GA_{4+7}与6-BA复配可进一步提高萼部细胞分裂活性，从而促进果实萼端突起，达到提高果形指数的目的。

3.使用方法

不同苹果品种，果动力的使用方法稍有差异。

（1）富士苹果 盛花末期（70% ～ 80%花开）全株喷施600 ～ 800倍液，重点喷花；间隔10天左右，按照相同浓度再喷施一次，重点喷果，力求均匀周到，勿重喷、漏喷。

（2）花牛苹果（新红星） 盛花期（花开50% ～ 60%）喷施250倍液+0.1%TDZ 500倍液，半雾化喷施花朵正面，使药液均匀分布在花柱上，以喷湿不滴水为度，勿重喷、漏喷。

喷施果动力可提高果形指数5%左右（果形指数可达0.85 ～ 0.92），果形高桩、端正，歪斜果减少；还可提高苹果表光，果面好，从而提质增产，增加收益。

喷施果动力的植株在幼果期花萼合拢、果形长，而空白对照果形较圆

果动力在甘肃天水花牛苹果上的应用效果

果动力在山东富士和辽宁嘎啦品种上的应用
（左为空白对照果，右为果动力处理果）